VOYAGE

DANS

L'AMÉRIQUE MÉRIDIONALE

(LE BRÉSIL, LA RÉPUBLIQUE ORIENTALE DE L'URUGUAY, LA RÉPUBLIQUE ARGENTINE, LA PATAGONIE, LA RÉPUBLIQUE DU CHILI, LA RÉPUBLIQUE DE BOLIVIA, LA RÉPUBLIQUE DU PÉROU),

EXÉCUTÉ PENDANT LES ANNÉES 1826, 1827, 1828, 1829, 1830, 1831, 1832 ET 1833,

PAR

ALCIDE D'ORBIGNY,

CHEVALIER DE L'ORDRE ROYAL DE LA LÉGION D'HONNEUR, OFFICIER DE LA LÉGION D'HONNEUR DE LA RÉPUBLIQUE BOLIVIENNE, PRÉSIDENT DE LA SOCIÉTÉ GÉOLOGIQUE DE FRANCE ET MEMBRE DE PLUSIEURS ACADÉMIES ET SOCIÉTÉS SAVANTES NATIONALES ET ÉTRANGÈRES.

Ouvrage dédié au Roi,

et publié sous les auspices de M. le Ministre de l'Instruction publique

commencé sous le ministère de M. Guizot.

TOME SIXIÈME.

Ire Partie : CRUSTACÉS.

PARIS,

CHEZ P. BERTRAND, ÉDITEUR,

Libraire de la Société géologique de France,

RUE SAINT-ANDRÉ-DES-ARCS, 38.

STRASBOURG,

CHEZ Ve LEVRAULT, RUE DES JUIFS, 33.

1845.

CRUSTACÉS,

PAR

MM. MILNE EDWARDS ET H. LUCAS.

1843.

VOYAGE

DANS

L'AMÉRIQUE MÉRIDIONALE.

CRUSTACÉS.

PAR MM. MILNE EDWARDS ET H. LUCAS.

Les Crustacés recueillis par M. d'Orbigny proviennent principalement des côtes du Chili; le nombre en est très-considérable, et on remarque parmi ces animaux plusieurs espèces dont la structure diffère beaucoup de celle de tous les types génériques connus jusqu'ici. Presque tous appartiennent exclusivement aux mers qui baignent la côte occidentale de l'Amérique méridionale, mais ce sont pour la plupart des représentans de genres qui se trouvent également dans l'ancien monde, et par son aspect général cette Faune carcinologique rappelle celle de la Méditerranée bien plus que celle des Antilles ou de la mer des Indes. Ainsi, de même que dans les régions tempérées de l'hémisphère nord, les Oxyrhinques sont assez nombreux dans ces parages, tandis que les Catométopes y sont rares. Les Atélécycles, les Écrevisses, qui n'ont pas de représentans dans les mers tropicales, se montrent au Chili, de même que sur les côtes et dans les rivières de l'Europe et de la partie tempérée de l'Amérique septentrionale; enfin, dans la portion la plus froide de cette région il existe des Lithodes, comme sur les côtes de la Norwége et du Kamtchatka. Cette tendance à la répétition des formes semblables chez des animaux habitant des régions aussi éloignées géographique-

Crustacés.

ment, mais aussi analogues sous le rapport de la température, nous semble mériter d'être signalée; mais nous ne connaissons pas encore d'une manière assez complète la faune carcinologique de l'Amérique méridionale pour pouvoir dire jusqu'à quel point elle est constante.

En décrivant ici les crustacés nouveaux ou mal connus dont le Muséum d'histoire naturelle a été enrichi par le voyage de M. d'Orbigny, nous nous bornerons à l'indication des caractères les plus saillans de ces animaux, et pour leur classification, nous suivrons la méthode adoptée par l'un de nous dans un ouvrage récent.[1]

---

1. Voyez Histoire naturelle des Crustacés, par M. Milne Edwards, 3 vol. in-8.°; Paris, 1834-1840.

Crustacés.

ORDRE DES DÉCAPODES.

SECTION DES BRACHYURES.

FAMILLE DES OXYRHINQUES.

Genre LEPTOPODIE, *Leptopodia*, Leach.

LEPTOPODIE SAGITTAIRE, *Leptopodia sagittaria*.

Pl. IV, fig. 3.

Inachus sagittarius, Fabricius, *Suppl. Ent. syst.*, p. 359; *Leptopodia sagittaria*, Leach, *Zool. miscel.*, t. II, pl. 67; Edw., Hist. nat. des Crust., t. I, p. 276, et Atlas du Règne animal, Crust., pl. 36, fig. 1.

La Leptopodie trouvée par M. d'Orbigny n'étant pas adulte, ce n'est qu'avec doute que nous la rapportons à l'espèce qui habite la mer des Antilles. Le rostre est beaucoup plus court que chez la Sagittaire adulte, mais cela peut dépendre de l'âge et ne pas constituer un caractère spécifique.

Des côtes de Valparaiso, Chili.

Pl. IV, fig. 3. L'animal de grandeur naturelle. — Fig. 3ª. Patte-mâchoire externe grossie. — Fig. 3ᵇ. Abdomen du mâle. — Fig. 3ᶜ. Abdomen de la femelle.

Genre EURYPODE, *Eurypodius*, Guérin.

EURYPODE D'AUDOUIN, *Eurypodius Audouinii*, Nob.

Pl. I, fig. 1.

E. virescens; testâ læviter gibbosâ, trianguliformi, spinosâ; rostro subgranuloso, gracili, elongato; pedibus primi paris brevibus; tuberculis spiniformibus armatis: pedibus subsequentibus exilibus, tomentosis, articulo quinto breviore quàm præcedente.

Longueur, 62 millim.; largeur, 35 millim.

La carapace, peu bombée et de forme triangulaire, est large sur les côtés, avec les bords latéraux et postérieurs arrondis; ses diverses régions sont saillantes et armées de tubercules épineux, moins nombreux et moins prononcés que chez l'*Eurypodius Latreillei*; les tubercules les plus forts sont disposés de la manière suivante : deux sur la région stomacale, deux sur chaque région branchiale, autour desquels on en aperçoit d'autres beaucoup plus petits, et enfin, un sur la région cordiale, et un sur

le bord postérieur de la carapace; de chaque côté de ce dernier tubercule naissent deux sillons profonds, qui sont couverts de granulations à leur origine et qui se con-
1 tinuent jusqu'à la base des régions ptérygostomiennes; enfin, celles-ci présentent une rangée de petits tubercules épineux, dont quelques-uns sont situés près du cadre buccal. Le rostre, légèrement granuleux, convexe en dessus, concave en dessous et dont la partie aiguë se dirige un peu obliquement en bas, est d'une couleur rougeâtre à son extrémité; les deux cornes dont il se compose sont plus grêles que chez l'*E. Latreillei* et ne sont pas notablement aplaties en dessus, comme dans cette dernière espèce; l'angle antérieur et externe de l'article basilaire des antennes externes se prolonge en forme de dent arrondie. Les pattes de la première paire sont courtes et atteignent à peine l'extrémité du quatrième article de la patte suivante; les diverses pièces qui les composent sont robustes, ornées de tubercules épineux, avec les doigts qui les terminent courts et légèrement courbés à leur côté interne. Les pattes suivantes sont grêles, très-allongées et couvertes d'un duvet serré; leur cinquième article est plus long que l'article précédent, tandis que chez l'*Eurypodius Latreillei* on remarque une disposition inverse. La couleur générale de ce crustacé est d'un vert clair; les parties latérales de la carapace et les pattes sont couvertes d'un duvet grisâtre.

Cette espèce, dont nous ne possédons qu'un individu mâle, a été trouvée sur les côtes du Chili.

Pl. 1, fig. 1. L'animal de grandeur naturelle. — Fig. 2. Rostre et région antennaire vus en dessous. — Fig. 3. Patte-mâchoire externe. — Fig. 4. Portion terminale de la même, vue en dessus. — Fig. 5. Sternum et abdomen du mâle. — Fig. 6. Extrémité de l'une des pattes, le tarse étant reployé contre le pénultième article.

EURYPODE DE LATREILLE, *Eurypodius Latreillei.*

Guér., Mém. du Mus., tom. XVI, p. 354, pl. 14; Edw., Hist. des Crust., t. I, p. 284, et Atlas du Règne anim., Crust., pl. 34 *bis*, fig. 1.

Trouvé sur les côtes du Valparaiso, Chili.

Genre INACHOÏDE, *Inachoides,* Nob.

Testa trianguliformis, anteriùs coarctata; rostrum breve, indivisum; oculi subelongati, non retractiles; articulus secundus antennarum externarum ad latera rostri insertus; articulus tertius pedum-maxillarum externorum multò longiores quàm latiores, articulo sequente in medio anteriùs posito; pedes paris secundi (tantùm in mare) longiores quàm sequentes; tarsum pedum ultimorum styliforme, breve.

La carapace, trianguliforme, très-rétrécie en avant près des cavités oculaires, s'élargit sensiblement sur les côtés, s'avance beaucoup postérieurement, mais ne recouvre cependant pas les premiers segmens abdominaux. Les régions que présente cette carapace sont parfaitement séparées entre elles par de profonds sillons; ainsi on distingue nettement la région stomacale, de chaque côté les régions hépatiques antérieures, au-dessous d'elles les régions ptérygostomiennes, puis les régions branchiales qui occupent un grand espace; et enfin, la région cordiale et la région intestinale, qui est très-petite. Le rostre, court, non bifide, ne dépasse pas en longueur le quatrième article des antennes externes. Les orbites (pl. IV, fig. 2^{a}) sont entières et présentent antérieurement une petite fissure qui indique le point d'adhérence des antennes extérieures avec les bords de la cavité oculaire. Les yeux sont médiocrement allongés, non rétractiles. Les antennes externes sont peu allongées et filiformes; leur article basilaire s'avance de chaque côté du rostre, beaucoup au delà du canthus interne de l'orbite, et se termine par une dent aiguë. Les antennes internes sont courtes et se logent longitudinalement dans la cavité antennaire, qui est très-petite. L'épistome est beaucoup plus large que long. Le cadre buccal (pl. IV, fig. 2^{b}), un peu plus long que large, est exactement fermé par la troisième paire de pieds-mâchoires, dont la forme est intermédiaire entre celle des mêmes organes chez les Sténorhinques et les Inachus. Les autres pièces de la bouche ne présentent rien de remarquable (voy. pl. IV, fig. 2^{c} — 2^{i}). Le plastron sternal est plus large que long; les pattes, d'égale grosseur entre elles (celles de la première paire exceptées), diminuent de longueur progressivement; la première paire dans les mâles égale presque en longueur celles de la deuxième paire, tandis que dans les femelles elles sont beaucoup plus courtes. Les pattes suivantes, grêles, peu allongées, ont leur avant-dernier article qui se prolonge postérieurement en une lamelle, sur le bord arrondi de laquelle glisse, comme sur une poulie, le dernier article ou le tarse, lequel est aigu et pourvu intérieurement d'une rangée de petites dents spiniformes. L'abdomen du mâle est composé de sept segmens, tandis que celui de la femelle n'en présente que cinq (fig. 2^{l}).

Ce genre, que nous rangeons près des Achées, en diffère par son rostre, qui est triangulaire et non bifide; par les régions branchiales, qui sont bien moins dilatées; par l'épistome, qui est beaucoup plus large que long, par la forme des pattes-mâchoires externes, et enfin, par la conformation des pattes.

INACHOÏDE PETIT-ROSTRE, *Inachoides microrhynchus*, Nob.

PL. IV, fig. 2.

I. testâ virescente, gibbosâ, maximè tuberculatâ; rostro trianguliformi, anteriùs subcrasso; pedibus primi paris granariis, subsequentibus lævigatis, pilis brevibus hirsutis; abdomine maris fœminæque lævigato, longitudinaliter subtuberculato.

Longueur, 30 mill.; largeur, 21 mill.

La carapace, d'un vert bouteille clair, est armée d'un rostre granuleux, légèrement renflé à son extrémité, et présentant entre les cavités oculaires une dépression très-marquée; ces dernières ont leur bord supérieur armé de chaque côté d'une forte saillie épineuse. Les régions, fortement prononcées, sont hérissées de tubercules très-rapprochés les uns des autres, surtout dans les régions hépatiques, ptérygostomiennes et branchiales; sur ces dernières les tubercules sont divisés en deux séries, dont une est située près du bord de la carapace; l'autre occupe sa face supérieure, et l'espace qui existe entre ces deux séries est entièrement lisse. Les autres régions, telles que la stomacale et la cordiale, sont un peu moins saillantes que les précédentes : la première est armée antérieurement de chaque côté d'une forte épine, située près de l'angle orbitaire externe, et en dessus elle présente une rangée transversale de petits tubercules, dont deux médians, beaucoup plus saillants que les autres; la seconde, ou la région cordiale, est armée d'un tubercule; la première paire de pieds-mâchoires est couverte de fines granulations; le plastron sternal est aussi hérissé de fines granulations, mais elles sont disposées en lignes transversales. L'abdomen du mâle, ainsi que celui de la femelle, sont entièrement lisses et offrent une légère saillie longitudinale dans leur partie médiane. Les pattes, finement granulées, sont couvertes d'un duvet grisâtre court et serré.

Se trouve sur les côtes du Chili.

Pl. IV, *fig.* 2. L'animal de grandeur naturelle. — Fig. 2^{a}. Carapace vue de profil. — Fig. 2^{b}. Portion antérieure du corps, vue en dessous. — Fig. 2^{c}. Plastron sternal. — Fig. 2^{d}. Patte-mâchoire externe. — Fig. 2^{e}. Patte-mâchoire de la seconde paire. — Fig. 2^{f}. Patte-mâchoire antérieure. — Fig. 2^{g}. Mâchoire de la seconde paire. — Fig. 2^{h}. Mâchoire de la première paire. — Fig. 2^{i}. Mandibule. — Fig. 2^{j}. Antenne externe. — Fig. 2^{k}. Antenne interne. — Fig. 2^{l}. Abdomen de la femelle. — Fig. 2^{m}. Abdomen du mâle.

Genre LIBINIE, *Libinia*, Leach.

LIBINIE ÉPINEUSE, *Libinia spinosa.*

Edw., *Hist. nat.* des Crust., tom. I, p. 301, n.° 3; Guér., Iconogr. du Règne anim. de Cuv., Crust., pl. 9, fig. 3.

Habite les côtes du Chili.

Genre LIBIDOCLÉE, *Libidoclæa*, Nob.

Testa subtriangularis, gibbosa; rostrum elongatum, anteriùs emarginatum; oculi retractiles; orbitæ ovatæ, fissurâ distinctissimâ superiùs inferiùsque instructæ; antennæ exteriores articulo secundo sub margine rostri inserto; pedes-maxillares externi articulo tertio subquadrato, margine anteriore inciso; pedes primi paris elongati, robusti, subsequentes elongatissimi, exiles, tarso gracili subcurvato terminati; abdomen maris segmentis 7.

La carapace, plutôt pyriforme que triangulaire et bombée en dessus, s'arrondit sensiblement sur les côtés, où l'on remarque un élargissement dû à l'extension des régions branchiales, qui occupent un grand espace. La région stomacale est aussi fort distincte, et paraît beaucoup plus longue que large. La région génitale est petite et triangulaire, sa partie postérieure étant pour ainsi dire envahie par les régions branchiales, qui à cet endroit ne sont séparées entre elles que par une dépression profonde. Les régions cordiale et intestinale sont peu distinctes et très-obliques; enfin, les régions hépatiques antérieures sont rudimentaires. Toutes les parties que nous venons d'indiquer sont couvertes de fines granulations et de gros tubercules épineux, dont les plus saillans occupent les régions branchiales cordiale et intestinale. Le rostre, allongé et étroit, est presque triangulaire et faiblement échancré à son extrémité. Les orbites sont profondément divisées en dessus et surtout en dessous par une échancrure, et il naît au-dessus de leur angle interne une forte épine qui se dirige obliquement en avant sur les côtés du rostre (pl. IV, fig. 1, 1'). Les yeux sont courts, gros et rétractiles. Les antennes externes et internes ont la même disposition que celles des *Doclæa* et des *Libinia*, si ce n'est que l'article basilaire des premiers est beaucoup plus développé et présente vers le milieu de son bord externe une forte dent, qui se porte en dehors et s'avance sous le pédoncule oculaire. Le cadre buccal, plus long que large, est assez exactement fermé par la troisième paire de pieds-mâchoires; ces derniers sont remarquables par l'échancrure qui existe vers le tiers externe du bord antérieur du quatrième article (fig. 1"). Le plastron sternal est beaucoup plus large que long et sa portion antérieure est très-oblique. Les pattes de la première paire, allongées, robustes, ne dépassent pas en longueur celles de la seconde paire, qui ont environ trois fois la longueur de la portion post-frontale de la carapace; les doigts qui les terminent sont allongés, grêles et assez fortement denticulés à leur côté interne. Les pattes suivantes sont grêles et diminuent de longueur progressivement; le tarse qui les termine est grêle, allongé et légèrement courbé. L'abdomen du mâle est composé de sept segmens; nous ne connaissons pas celui de la femelle.

Cette nouvelle coupe générique établit le passage entre les *Libinia* et les *Doclæa*; elle se rapproche surtout des premiers par la forme de sa carapace, mais s'en distingue par la longueur relative des organes de la locomotion, et surtout par l'échancrure du bord antérieur du quatrième article des pieds-mâchoires externes.

Crustacés.

LIBIDOCLÉE CHAGRINÉE, *Libidoclæa granaria*, Nob.

Pl. III, fig. 1, et pl. IV, fig. 1.

L. omninò albido-flavescens; testâ granariâ, spinis tuberculisque prominentibus armatâ; pedibus omninò granariis, quarto articulo depressione longitudinali ornato; segmentis abdominalibus granariis, longitudinaliter tuberculatis.

Longueur, 67 millim.; largeur, 56 millim.

La carapace, d'un blanc jaunâtre, avec les organes de la locomotion de même couleur, mais beaucoup plus foncée, présente un rostre finement granulé. Les régions sont très-saillantes, chagrinées et hérissées d'épines et de tubercules très-prononcés. La région stomacale est ornée de trois rangées longitudinales de tubercules, dont ceux qui forment la rangée médiane sont beaucoup plus prononcés. Les régions hépatiques antérieures sont armées d'une épine robuste. Les régions ptérygostomiennes sont pourvues d'une rangée de petites épines. Les régions branchiales, fortement tuberculées, présentent sur les côtés un tubercule épineux très-prononcé. Les régions cordiale et intestinale sont armées chacune d'un fort tubercule épineux. Le plastron sternal, très-déprimé, est assez fortement chagriné. Les pattes sont toutes finement chagrinées, et leur quatrième article offre en dessus une dépression longitudinale, lisse, assez prononcée. Les segmens abdominaux, à peine chagrinés, présentent tous dans leur partie médiane une saillie.

Se *trouve aux environs* de Valparaiso.

Pl. III, fig. 1. L'animal de grandeur naturelle. — Pl. IV, fig. 1. Portion antennaire du corps vue de côté pour montrer l'orbite. — Fig. 1ª. Régions antennaire et épistomienne. — Fig. 1ᵇ. Patte-mâchoire externe.

GENRE ÉPIALTE, *Epialtus*, Edw.

ÉPIALTE MARGINÉ, *Epialtus marginatus*, Bell.

Trans. zool. societ., vol. II, p. 62, pl. XI, fig. 4, la femelle; pl. XIII, le mâle, individu jeune.

Nous sommes portés à croire que cet Épialte ne devrait pas être distingué spécifiquement du suivant, et que les différences que l'on y remarque ne dépendent que de l'âge.

ÉPIALTE DENTÉ, *Epialtus dentatus*, Edw.

Hist. nat. des Crust., tom. I, p. 345, n.° 2.

La carapace de ce crustacé est plus bombée et plus orbiculaire chez les individus adultes que chez les jeunes, lesquels ressemblent beaucoup à l'Épialte marginé.

ÉPIALTE BITUBERCULÉ, *Epialtus bituberculatus*, Edw.

Hist. nat. des Crust., tom. I, p. 345, n.° 1, pl. XVIII, fig. 11.

Dans cette espèce la forme générale de la carapace est très-différente de celle des deux précédentes, mais nous n'avons eu l'occasion d'examiner que des individus en mauvais état et qui probablement n'étaient pas adultes.

Crustacés.

Genre LEUCIPPE, *Leucippa*, Edw.

LEUCIPPE PENTAGONE, *Leucippa pentagona*, Edw.

Ann. de la Soc. entom., tom. II, p. 512, pl. XVIII b, fig. 1, 2, et Hist. nat. des Crust., tom. I, p. 347, pl. XV, fig. 9 à 10.

Nous ne connaissons que la femelle de cette espèce.

LEUCIPPE D'ENSENADE, *Leucippa Ensenadæ*, Nob.

Pl. V, fig. 3.

L. fulvo-flavescens; rostro brevi, trianguliformi, anteriùs acuto; testâ convexâ, subdepressâ, ad latera quatuorque dentibus armatâ.

Longueur, 15 millim.; largeur, 12 millim.

Le rostre est court, trianguliforme et ordinairement terminé en pointe. La carapace est très-convexe dans sa partie médiane, très-peu déprimée sur les côtés, avec les bords latéraux à peine lamelleux et découpés en quatre tubercules, dont les trois postérieurs sont arrondis, et l'antérieur, terminé en pointe, forme l'angle orbitaire externe. Le premier article des antennes internes est armé à sa base d'un petit tubercule épineux. Les articles qui composent la première paire de pattes sont dépourvus de crêtes; il en est de même pour ceux qui constituent les deuxième, troisième, quatrième et cinquième paires de pattes. Le mâle est tout à fait semblable à la femelle. Cette espèce, dont la couleur est un jaune fauve, diffère de la *L. pentagona*, avec laquelle elle a beaucoup d'analogie, par la disposition des bords latéraux de la carapace et par l'absence de crêtes sur les pattes.

Habite l'Ensenade de Ros, sur les côtes de la Patagonie.

Pl. V, fig. 3. Leucippe d'Ensenade de grandeur naturelle. — Fig. 3 a. Orbites et région antennaires vues obliquement. — Fig. 3 b. Tarse.

Genre ACANTHONYX, *Acanthonyx*, Latreille.

ACANTHONYX ÉCHANCRÉ, *Acanthonyx emarginatus*, Nob.

Pl. V, fig. 2.

A. fulvus; rostro elongato, suprà lævigato, duabus spinis terminato; testâ latâ, læviter convexâ, ad latera tribus dentibus obtusis armatâ.

Longueur, 21 millim.; largeur, 15½ millim.

Le rostre, allongé, lisse en dessus, est terminé par deux épines séparées par une échancrure peu profonde. La carapace, large, légèrement convexe, est armée sur ses bords latéraux de trois dents obtuses, dont l'antérieure très-grande, lamelleuse, a son bord antérieur coupé droit. Les pattes de la première paire, grandes, assez robustes, ont leur troisième article armé, près de leur base et à leur bord supérieur, de deux petits

Crustacés.

tubercules; leur cinquième article, à bords externe et interne très-convexes, est remarquable par la crête prononcée qui orne son bord supérieur. Les pattes suivantes ne présentent rien de remarquable, si ce n'est que leur cinquième article est très-large, fortement comprimé et presque lamelleux. La couleur de cette espèce est un fauve foncé.

L'*A. emarginatus* est très-voisin des espèces désignées sous les noms d'*A. lunulatus, Petiverii* et *dentatus;* mais il se distingue du premier par son rostre qui est peu échancré, et par la première dent du bord antérieur de la carapace, qui est très-large et lamelleuse; il ne pourra être confondu avec le second ou l'*A. Petiverii,* à raison de l'élargissement du cinquième article des pattes ambulatoires et de la crête qui orne le bord supérieur de la cinquième paire de pattes; enfin, l'*A. dentatus* se distingue de notre espèce par une dent spiniforme qui existe à l'angle orbitaire externe.

Habite les côtes du Pérou, près de Lima.

Genre PISOÏDE, *Pisoïdes*, Nob.

Testa trianguliformis, subgibbosa; rostrum breve, bispinosum; antennæ externæ secundo articulo ad latera rostri inserto; epistoma angustissimum; pedes primi paris breves, sequentes tarso curvato infrà lævigato terminati.

La carapace est beaucoup plus longue que large, trianguliforme, légèrement bombée. Les régions stomacale et génitale sont très-apparentes et séparées entre elles, ainsi que des régions branchiales, par des sillons assez profondément marqués. Le rostre, dirigé un peu obliquement en bas, égale en largeur le cadre buccal; il est armé de deux épines très-allongées et divergentes à leur extrémité (pl. V, fig. 1ª). Les yeux, portés sur un pédoncule très-court, étranglé dans sa partie médiane, sont imparfaitement rétractiles; la cavité orbitaire, presqu'entièrement remplie par la base du pédoncule oculaire, présente une échancrure à son bord supérieur et n'est pas armée d'une dent frontale au-dessus de son angle interne, comme chez les Pises; en dessous, cette cavité est très-incomplète, mais on y remarque une petite épine près de la base de l'antenne; enfin, l'angle orbitaire externe est occupé par une dent grosse et très-aiguë. Les antennes externes ont leur article basilaire un peu plus long que large, et garni d'un petit tubercule qui s'avance entre leur tige mobile et l'orbite; l'article qui suit, beaucoup plus long que ce dernier, est large, très-comprimé; le troisième, un peu plus court, atteint l'extrémité du rostre ou le dépasse; à ce dernier est annexé le filet terminal, qui ne présente rien de remarquable. Les antennes internes ont la même disposition que celles des *Pisa*. L'épistome est presque linéaire. Les organes qui constituent la bouche, n'offrent rien de remarquable, et sont entièrement semblables à ceux des *Pisa*. Le plastron sternal est aussi long que large. Les pattes de la première paire dans les deux sexes sont courtes, composées d'articles assez robustes, et terminées par des doigts grêles, allongés, légèrement courbés du côté interne et finement dentelés; les pattes suivantes diminuent de longueur progressivement à partir de la seconde paire, laquelle est beaucoup plus longue que la première paire : ces organes sont remarquables par leur troisième et leur quatrième article, qui sont larges et comprimés; le suivant est cylindrique, avec l'article terminal ou le tarse (fig. 1[d]) court, très en croissant, et dépourvu en dessous de ces petites pointes cornées, disposées en dents de peigne, qui se remarquent dans le genre des *Pisa*. L'abdomen dans les deux sexes est composé de sept segmens : un duvet court et serré, au milieu duquel sont des poils allongés, à extrémité recourbée, garnissent la carapace et les organes de la locomotion.

Cette nouvelle coupe générique, que nous désignons sous le nom de *Pisoïde*, à cause de sa grande analogie avec les *Pisa*, se lie aussi de la manière la plus étroite au genre Hyas, mais se distingue au premier aspect par la forme presque linéaire de l'épistome.

PISOÏDE TUBERCULEUX, *Pisoides tuberculosus*, Nob.

Pl. V, fig. 1.

P. testá flavo-rubescente, subtilissimè punctatá, in medio ad lateraque tuberculatá : pedibus tertio articulo anteriùs spinoso; abdomine lævigato.

Longueur, 23 millim.; largeur, 16½ millim.

La carapace, d'un jaune teinté de rougeâtre, est entièrement couverte de petits trous arrondis servant à l'insertion des poils; les régions branchiales, stomacale et génitale sont en outre ornées de tubercules saillans. Les pattes de la première paire, de même couleur que la carapace, ont le bord antérieur de leur troisième article armé à sa partie supérieure d'une forte épine; les suivantes, ou celles de la seconde paire, sont remarquables en ce que leur troisième article est fortement comprimé, avec leur bord supérieur crêté; ce même article, dans les pattes suivantes, est large, aplati et arrondi en dessus : on remarque aussi à leur bord externe une épine très-prononcée, surtout dans la deuxième paire de pattes; le quatrième article est court, large, avec le suivant allongé et cylindrique. L'abdomen dans les deux sexes est entièrement lisse.

Rencontré sur les côtes du Chili.

Pl. V, fig. 1. Pisoïde tuberculeux de grandeur naturelle. — Fig. 1[a]. Région antennaire et orbites vues en dessous. — Fig. 1[b]. Rostre et orbites vus obliquement. — Fig. 1[c]. Patte-mâchoire externe. — Fig. 1[d]. Tarse.

Crusta-cés.

Genre SALACIE, *Salacia*, Nob.

Testa latior quàm longior, maximè depressa, ad latera dilatata, cum diversis regionibus distinctissimis; rostrum brevissimum, angustum, trianguliforme; orbitæ subtùs emarginatæ; oculi breves, retractiles; antennæ externæ articulo basilari quadrato et articulo secundo ad latera rostri inserto; antennæ internæ in fossulis parallelis receptæ; pedes maxillares externi tertio articulo elongato, subcordiformi; pedes primi paris breves, sequentes maximi, spinosi, tarso curvato terminati.

La carapace, plus large que longue, très-déprimée et très-dilatée sur les côtés latéro-postérieurs, présente en dessus de profonds sillons, qui indiquent les limites des diverses régions. Ainsi on distingue parfaitement bien la région stomacale, qui est beaucoup plus large que longue; de chaque côté se remarquent les régions hépatiques antérieures, qui sont arrondies et séparées des autres régions, surtout des branchiales, par un sillon profond; la région génitale affecte une forme pentagonale; les régions branchiales sont arrondies et séparées des bords latéraux de la carapace par une dépression profonde; la région cordiale est beaucoup plus longue que large; quant à la région intestinale, elle est peu distincte de la précédente. Toutes les parties que nous venons d'indiquer sont plus ou moins granuleuses et hérissées de tubercules verruqueux. Le rostre est trianguliforme, très-court et étroit. Les orbites sont ovalaires et dirigées directement en avant et en haut; une échancrure très-large occupe le milieu de leur bord supérieur, et un hiatus encore plus considérable sépare leur angle externe de la base des antennes externes. Les yeux sont courts et rétractiles. L'article basilaire des antennes externes est carré, aussi large que long (pl. II, fig. 2), et terminé de chaque côté par un tubercule saillant, qui atteint le niveau du front; le second article est très-court et s'insère entre ce tubercule et le rostre, de façon à être complétement à découvert : nous ne connaissons pas les articles suivans. Les fossettes antennaires situées sous le front sont étroites et longitudinales; elles communiquent latéralement avec les orbites au moyen d'une lacune qui existe entre le front, la face supérieure de l'article basilaire de l'antenne externe et le pédoncule oculaire (fig. 4). Les régions ptérygostomiennes sont très-saillantes, mais offrent très-peu d'étendue; l'épistome est rudimentaire; le cadre buccal est beaucoup plus large que long. Le second article des pieds-mâchoires externes est très-grand, avec son côté interne finement denticulé; le troisième, bien moins long que le précédent, est cordiforme et donne insertion au suivant par une échancrure large et profonde de son bord antérieur : nous ne connaissons pas les deux derniers articles, et quant aux autres parties de l'appareil buccal, elles étaient trop incomplètes pour que nous puissions les décrire ici (fig. 3). Le plastron sternal (fig. 8) est beaucoup plus large que long, très-déprimé, rétréci et trianguliforme antérieurement ; on y remarque aussi de chaque côté, près du bord d'où naît la première paire de pattes, une fossette assez profonde. La gouttière dans laquelle vient se reployer l'abdomen est lisse et à peine envahie par les lignes suturales ; nous ne connaissons pas ce dernier. Les pattes de la première paire, quoique très-courtes, dépassent cependant en longueur la carapace ; les divers articles qui les composent sont courts et granuleux ; la main est très-renflée, et les doigts qui la terminent sont allongés et denticulés à leur côté interne. Les pattes qui suivent sont très-grandes, épineuses, avec le troisième article sensiblement renflé ; enfin, le cinquième article est comprimé, terminé par un tarse très-allongé, également comprimé et légèrement courbé.

Ce genre appartient bien évidemment à la famille des Oxyrhinques, mais s'éloigne beaucoup de tous les types connus jusqu'ici et semble établir le passage entre les Inachoïdiens et les Grapsoïdes. Nous l'avons établi sur trois individus en très-mauvais état, rapportés de l'Amérique méridionale par M. d'Orbigny.

SALACIE TUBERCULEUSE, *Salacia tuberculosa*, Nob.

Pl. II, fig 1.

S. testâ albido-flavescente, suprà tuberculatâ ac subtiliter granulatâ ; pedibus granulosis et tuberculis spinosis armatis, articulo ultimo canaliculato ; sterno tenuissimè granulato.

Longueur, 52 millim. ; largeur 55 millim.

La carapace, d'un blanc jaunâtre, est ornée en dessus de tubercules et de fines granulations ; dans les sillons qui séparent les régions on remarque aussi des poils d'un fauve clair, courts et peu serrés. Le rostre est finement granulé en dessus, dans toute sa longueur ; il en est de même pour le bord supérieur et interne des cavités orbitaires. Les pattes de la première paire ont leur troisième article orné de plusieurs rangées longitudinales de granulations saillantes, qui affectent même quelquefois la forme de tubercules plus ou moins épineux ; leur quatrième article est plus finement granulé et présente en dessus une crête arrondie ; la main est très-renflée et offre aussi de fines granulations mêlées çà et là de quelques tubercules épineux ; les doigts sont allongés, lisses, légèrement courbés et finement dentelés. Les pattes suivantes ont leurs premier et deuxième articles granuleux, avec le bord supérieur du deuxième armé d'une épine très-prononcée ; leur troisième article est entièrement couvert en dessus de granula-

Crustacés.

tions saillantes, parmi lesquelles sont des épines très-prononcées, surtout dans les seconde et troisième paires de pattes; en dessous ces mêmes articles sont presque lisses, surtout dans les quatrième et cinquième paires de pattes. Le quatrième article présente, à son côté externe, quelques granulations, tandis que les autres parties sont entièrement lisses; le cinquième article est orné, seulement à son côté externe, de quelques lignes longitudinales de fines granulations; enfin, le sixième ou dernier article est fortement cannelé et un peu aplati; on y remarque aussi un léger renflement vers la base de l'ongle, qui est d'un brun clair. Le plastron sternal est très-finement granulé.

Nous ignorons la localité où M. d'Orbigny a trouvé ces crustacés.

Pl. II, fig. 1. L'animal de grandeur naturelle. — Fig. 2. Région antennaire. — Fig. 3. Portion de l'appareil buccal. — Fig. 4. Orbite et antennes vues en dessus et mises à découvert par l'ablation du front. — Fig. 5. Patte-mâchoire externe. — Fig. 6. Troisième article des pattes-mâchoires externes. — Fig. 7. Pince. — Fig. 8. Plastron sternal.

FAMILLE DES CYCLOMÉTOPES.

TRIBU DES CANCÉRIENS.

GENRE XANTHE, *Xantho*, Leach.

XANTHE PLAN, *Xantho planus*, Edw.

Pl. VI, fig. 1.

Hist. nat. des Crust., tom. 1, p. 397, n.° 17.

Cette grande et belle espèce, dont l'un de nous a donné ailleurs une description succincte, est entièrement couverte de granulations miliaires; il est aussi à noter que les tarses sont garnis en dessus et en dessous de brosses tomenteuses. Habite la côte de Callao.

Pl. VI, fig. 1. L'animal de grandeur naturelle. — Fig. 2. Région antennaire. — Fig. 3. Patte-mâchoire externe. — Fig. 4. Patte-mâchoire de la seconde paire.

XANTHE DE D'ORBIGNY, *Xantho Orbignyi*, Nob.

Pl. VII, fig. 1.

X. rubro-flavescente maculatus; testâ læviter gibbosâ, lævigatâ, ad latera 9 vel 11 dentatâ; fronte prominente, quadrilobatâ; orbitis quinque tuberculatis; pedibus primi paris maximis, robustis, lævigatis; pedibus subsequentibus suprà infràque pilis brevibus ornatis; abdomine brevi, lato.

Longueur, 8 centim.; largeur, 10 centim.

La carapace est peu bombée, lisse et marquée de sillons peu prononcés, mais qui cependant indiquent bien les limites des diverses régions; les bords latéro-antérieurs sont armés de dents très-fortes, au nombre de neuf de chaque côté, et dont quelques-unes bidentées, de façon à en porter le nombre total à onze. Le front est saillant et quadrilobé. Les cavités oculaires sont ornées de chaque côté de cinq tubercules, dont l'inférieur, ou celui qui constitue l'angle orbitaire interne, est le plus saillant. L'épistome est très-étroit. Le plastron sternal est lisse et orné de quelques ponctuations. Les pattes de la première paire sont très-grandes, robustes, lisses, armées d'un gros tubercule conique sur le bord interne du carpe, et terminées par des doigts très-forts, assez allongés, et armés à leur partie interne de tubercules arrondis. Les pattes suivantes courtes, diminuant de grosseur et de longueur progressivement, sont ornées à leurs bords supérieur et inférieur de poils courts et très-serrés. L'abdomen est court et assez large. Cette espèce est d'un rouge taché de jaunâtre en dessus, jaune en dessous, avec les pinces et les ongles noirs.

Habite les côtes du Chili.

Pl. VII, fig. 1. L'animal de grandeur naturelle. — Fig. 1ª. Région antennaire. — Fig. 1ᵇ. Patte-mâchoire externe. — Fig. 1ᶜ. Patte-mâchoire de la première paire. — Fig. 1ᵈ et 1ᵉ. Appendices abdominaux du mâle.

XANTHE DE GAUDICHAUD, *Xantho Gaudichaudii*, Edw.

Pl. V, fig. 4.

Hist. nat. des Crust., tom. I, p. 396, n.° 15.

La carapace, de forme ovalaire, est faiblement bosselée et presque plane transversalement; les pattes antérieures sont très-fortes et lisses, tandis que celles des quatre paires suivantes sont couvertes de petites granulations; enfin, les tarses sont gros et *entièrement garnis de poils en brosse.*

De Callao.

XANTHE A SEIZE DENTS, *Xantho sexdecim dentatus*, Nob.

Pl. VII, fig. 2.

X. suprà rubro-flavescens, infrà fulvo-flavescens; testâ læviter gibbosâ, lævigatâ, ad latera sexdecim dentibus armatâ; fronte productâ, reflexâ, subquadrilobatâ; sterno lævigato; pedibus primi paris robustis, elongatis, subsequentibus parvis; abdomine brevi, angusto.

Longueur, 45 millim.; largeur, 60 millim.

La carapace est légèrement bombée, lisse, et présente de chaque côté, entre les régions hépatiques antérieures et branchiales, une dépression arrondie, assez fortement prononcée; les bords latéro-antérieurs sont armés de chaque côté de huit dents largement espacées entre elles. Le front est avancé, incliné, légèrement lamelleux et subquadrilobé. Le plastron sternal est entièrement lisse. Les pattes de la première paire, fortes, assez allongées, ont leur quatrième article armé, à leur bord supérieur et interne, de deux tubercules épineux, dont le supérieur est très-prononcé; les doigts sont allongés, robustes, courbés et armés à leur bord interne de tubercules arrondis. Les pattes suivantes sont petites, assez robustes, et diminuent de longueur progressivement; leur bord supérieur est cilié et les tarses sont grêles et presque nus. L'abdomen est court et très-étroit.

La couleur de cette espèce est un rouge teinté de jaunâtre en dessus, d'un jaune fauve clair en dessous, avec les doigts de la première paire de pattes d'un brun clair, et l'extrémité du dernier article des pattes suivantes de cette dernière couleur.

Se trouve sur les côtes du Chili.

Pl. VII, fig. 2. L'animal de grandeur naturelle. — Fig. 2ª. Région antennaire. — Fig. 2ᵇ. Patte-mâchoire externe. — Fig. 2ᶜ. Abdomen du mâle.

Genre PANOPÉ, *Panopeus*, Edw.

PANOPÉ CRÉNELÉ, *Panopeus crenatus*, Nob.

Pl. VIII, fig. 1.

P. testâ roseâ, albido-flavescente maculatâ, gibbosâ, lævigatâ, ad latera maximè crenatâ; fronte productâ, latâ, emarginatâ; pedibus suprà roseis, infrà albido-flavescentibus.

Longueur, 22 millim.; largeur, 33 millim.

La carapace, légèrement bombée, entièrement lisse, ressemble par sa forme à celle du *Panopeus Herbstii*, mais au lieu d'être verdâtre, elle est teintée en dessus de rose foncé et de blanc jaunâtre. Le front est avancé, large, avec la fissure qui le divise peu profonde. Les dents qui ornent ses bords latéraux sont au nombre de quatre: les trois premières sont très-grandes, lamelleuses, tronquées et séparées entre elles par des fissures étroites; la dernière est courte et subspiniforme. Les pattes de la première paire sont fortement teintées de rose en dessus, d'un jaune blanchâtre en dessous, avec les doigts d'un brun clair; le bord du troisième article dans ces mêmes-organes est arrondi, avec le tubercule, qui le termine, peu sensible; les doigts sont assez allongés, robustes et non cannelés. Les pattes suivantes sont lisses, légèrement teintées de rose en dessus, d'un blanc jaunâtre en dessous, avec leurs derniers articles revêtus d'une tomentosité courte, serrée, d'un gris cendré clair.

Cette espèce se distingue des *P. Herbstii* et *limosus* par son front, qui est avancé, et surtout par la forme des épines, dont les bords latéro-antérieurs de la carapace sont armés.

Environs de Callao (Chili).

Pl. VIII, fig. 1. L'animal de grandeur naturelle. — Fig. 1ᵃ. Région antennaire.

PANOPÉ CHILIEN, *Panopeus chilensis*, Nob.

Pl. VIII, fig. 2.

P. viridi-flavescens; testâ anteriùs maximè gibbosâ, ad latera dentibus triangularibus armatâ; fronte productâ, angustâ; pedibus primi paris crassis, subrugosis.

Longueur, 26 millim.; largeur, 38 millim.

La carapace, à peine bombée, est fortement bosselée en avant et sur les côtés. Le front est avancé et plus étroit que celui du *P. Herbstii*, espèce avec laquelle elle a beaucoup d'analogie. Les bords latéro-antérieurs sont armés de quatre dents triangulaires et très-espacées entre elles; les trois dernières se terminent par une pointe dirigée en avant, tandis que la première ou l'antérieure est large, arrondie et à peine séparée de l'angle orbitaire externe. Le plastron sternal est lisse. Les pattes de la première paire sont renflées, peu allongées, à articles légèrement rugueux, avec les doigts courts, non cannelés et arqués; les pattes suivantes, petites et lisses, ont leurs derniers articles couverts d'un duvet long et serré.

La couleur générale est un vert bouteille clair, mélangé de jaunâtre en dessus; la première paire de pattes est d'un vert bleuâtre, jaune orange clair en dessous, avec les doigts brunâtres; les pattes suivantes sont d'un blanc jaunâtre; il en est de même pour le dessous du corps.

Cette espèce, qui habite les côtes du Chili, ne pourra être confondue avec le *P. Herbstii*, par la forme de son front, et surtout par les dents qui arment les bords latéro-antérieurs de la carapace.

Pl. VIII, fig. 2. L'animal de grandeur naturelle. — Fig. 2ª. Région antennaire. — Fig. 2ᵇ. Extrémité de la première paire de pattes vue du côté externe.

GENRE OZIE, *Ozius*, Edw.

OZIE RUGUEUX, *Ozius rugosus*, Nob.

Pl. VIII *bis*, fig. 1.

O. testâ fulvescente, in medio lævigatâ, ad latera anteriùs rugosissimâ; orbitis clausis; pedibus primi paris robustis, ultimò articulo tuberculato.

Longueur, 4 centim.; largeur, 6 centim.

La carapace, légèrement convexe, est lisse dans la plus grande partie de son étendue, mais devient très-rugueuse dans le voisinage de ses bords latéro-antérieurs, qui sont divisés chacun en cinq lobes subdentiformes. Les bords latéro-postérieurs des orbites offrent deux petites fissures, dont l'antérieure est beaucoup plus prononcée. Les régions ptérygostomiennes sont lisses. Les pattes de la première paire, d'un brun foncé en dessus, jaunes en dessous, avec les doigts de cette dernière couleur, mais plus claire, sont fortes, épaisses; leur cinquième article est seulement armé en dessus et du côté externe de gros tubercules arrondis, largement espacés. Les deuxième, troisième, quatrième et cinquième paires de pattes sont lisses, d'un brun foncé en dessus, d'un jaune teinté de brun en dessous, surtout leurs derniers articles avec le tarse, présentant une tomentosité courte et serrée. Le plastron sternal jaunâtre, avec l'abdomen taché de brun foncé, sont entièrement lisses.

Cette espèce ne peut être éloignée de l'*O. tuberculatus*, dont elle ne diffère guère que par la clôture complète de l'orbite et par le petit nombre de tubercules dont sa carapace est garnie; mais à raison de la disposition des antennes externes et de l'orbite, elle établit le passage entre les Cancériens ordinaires et les Ériphies, et elle rend nécessaires quelques modifications dans les caractères assignés au genre Ozius.

Habite les côtes du Chili.

Pl. VIII *bis*, fig. 1. L'animal de grandeur naturelle. — Fig. 1ª. Région antennaire. — Fig. 1ᵇ. Front vu en dessus. — Fig. 1ᶜ. Patte antérieure. — Fig. 1ᵈ. Patte-mâchoire externe.[1]

---

1. Étant sur le point de me rendre en Sicile, pour y poursuivre mes recherches sur l'organisation des animaux inférieurs, et ne voulant pas retarder jusqu'à mon retour la publication des dernières livraisons du Voyage de M. d'Orbigny, j'ai prié mon jeune collaborateur, M. Lucas, de vouloir bien se charger seul de la description des crustacés dont il nous reste encore à parler. Tout ce qui suit lui appartient par conséquent exclusivement.

H. MILNE EDWARDS.

Genre PARAXANTHE, *Paraxanthus*, Nob.

Testa depressa, ad latera dilatata; frons angusta, producta, subreflexa; antennæ interiores in foveolis obliquis receptæ; antennæ exteriores in canthum oculorum insertæ; pedes primi paris robusti; sequentes breves, ciliati; abdomine in mare feminâque angusto.

Pl. VII *bis*.

La carapace est moins élargie que chez la plupart des cancériens, et sa face supérieure est presque horizontale; les régions y sont assez bien indiquées par des sillons; ses bords latéro-antérieurs se prolongent très-loin en arrière et sont divisés en quatre lobes, dont le premier est arrondi sur le bord et les deux postérieurs garnis d'une petite crête marginale. Le front est très-avancé, tronqué antérieurement et subbilobé. Les orbites sont petites, ovalaires et dirigées obliquement en haut et en avant; la disposition de leurs bords est analogue à celle des Xanthes. Les antennes internes se replient très-obliquement sous le front (fig. 1[a]). Les antennes externes sont logées dans un hiatus de l'angle interne des orbites; leur premier article est petit et atteint à peine le front; le second est très-court et la tigelle terminale paraît être de longueur médiocre. L'épistome est petit et très-enfoncé. Le cadre buccal est beaucoup plus long que large, et son bord antérieur est presque semi-circulaire. Les pattes-mâchoires externes sont allongées; leur troisième article est plus long que large, et son bord antérieur est tellement oblique, que son angle interne constitue une sorte de tubercule terminal, et se prolonge notablement au-delà de l'insertion de l'article suivant, laquelle est cependant disposée comme chez les cancériens ordinaires, c'est-à-dire située dans une échancrure de cet angle. Les pattes-mâchoires de la première paire (fig. 1[c]) sont conformées à peu près comme chez les Xanthes. Il en est de même des pattes, si ce n'est que celles des quatre dernières paires sont si courtes, que l'extrémité de leur troisième article n'atteint pas à beaucoup près le niveau du bord latéral de la carapace. Enfin le plastron sternal, assez large antérieurement, est fortement rétréci en arrière, et l'abdomen est très-étroit dans les deux sexes; chez la femelle on y compte sept articles distincts, mais chez le mâle il n'y en a que cinq, les troisième, quatrième et cinquième anneaux étant soudés ensemble (fig. 1).

Ce sous-genre nouveau offre, comme on a pu le remarquer, des liaisons intimes avec plusieurs autres genres de Cancériens. Ainsi il ressemble aux

Xanthes par sa forme générale et par la conformation de ses pattes; il tient des Pilumnes par la disposition de ses antennes externes; il se rapproche des Platycarcins par la position des antennes internes et la structure de ses pattes-mâchoires externes; enfin il se lie aux Atélécycles par la conformation du plastron sternal et de l'abdomen.

Crusta-cés.

PARAXANTHE PIEDS VELUS, *Paraxanthus hirtipes*, Nob.

Pl. VII *bis*, fig. 1.

B. rubro-flavescens; testâ subtilissimè punctatâ, ad latera subgranulatâ; fronte orbitisque granulatis; pedibus primi paris tertio articulo ciliato, subsequentibus lævigatis, digitis nigris terminatis; pedibus sequentibus ciliatis, ultimis articulis suprà tomentosis; sterno sparsim ciliato; abdomine in mare fœminâque ad latera ciliato.

Longueur, 27 millim.; largeur, 82 millim.

D'un rouge teinté de jaunâtre; la carapace, finement ponctuée en dessus, présente des sillons assez profonds, dont la plupart indiquent les limites des diverses régions; les côtés latéro-antérieurs sont finement granulés, tandis que ses côtés latéro-postérieurs sont lisses et hérissés de longs poils. Le front et les orbites sont finement granulés, et sur les bords de ces dernières on distingue quatre tubercules, dont deux externes et deux internes. Les pieds-mâchoires externes sont lisses et ont leur troisième article légèrement cilié à leur côté interne; l'article suivant ou le quatrième présente à la sommité du tubercule dont il est armé un bouquet de longs poils. Les pattes de la première paire ont les premier, second et troisième articles hérissés de longs poils; les suivans sont lisses et terminés par des doigts robustes, fortement cannelés, d'un brun noirâtre. Les pattes suivantes, très-ciliées, ont le bord supérieur des cinquième et sixième articles recouvert d'un duvet tomenteux court et très-serré. L'abdomen dans les deux sexes est cilié, et le plastron sternal présente çà et là quelques bouquets de poils.

Cette espèce a été trouvée, sur les côtes du Chili (Valparaiso), par MM. d'Orbigny, Fontaines et Gay.

Pl. VII *bis*, fig. 1. L'animal de grandeur naturelle. — Fig. 1ª. Région antennaire grossie. — Fig. 1ᵇ. Patte-mâchoire externe grossie. — Fig. 1ᶜ. Patte-mâchoire de la première paire. — Fig. 1ᵈ. Plastron sternal du mâle. — Fig. 1ᵉ. Abdomen du mâle. — Fig. 1ᶠ. Abdomen de la femelle.

GENRE PLATYCARCIN, *PLATYCARCIN*, Latr.

PLATYCARCIN ARROSÉ, *Platycarcinus irroratus*.

Cancer irroratus, Bell, *Trans. zool. societ.*, vol. I, pl. XLVI, p. 340, n.° 4.

Cette grande espèce, dont M. Bell a donné une description très-complète, paraît être assez commune sur les côtes du Chili.

Crustacés.

PLATYCARCIN A LONGS PIEDS, *Platycarcinus longipes.*

Cancer longipes, Bell, *Trans. zool. societ.*, vol. I, pl. XLIII, p. 337, n.° 1.

PLATYCARCIN DENTÉ, *Platycarcinus dentatus.*

Cancer dentatus, Bell, *Trans. zool. societ.*, vol. I, pl. XLV, p. 339, n.° 3.

PLATYCARCIN D'EDWARDS, *Platycarcinus Edwardsii.*

Cancer Edwardsii, Bell, *Trans. zool. societ.*, vol. I, pl. XLIV, p. 338, n.° 2.

Genre PILUMNE, *Pilumnus*, Leach.

PILUMNE A CROISSANT, *Pilumnus lunatus*, Nob.

Pl. IX, fig. 2.

P. testâ subgibbosâ, granulatâ, ad latera anticè spinosâ; fronte lobatâ, emarginatâ; orbitarum margine superiore edentatâ; pedibus anticis tuberculatis, subsequentibus spinosis.

Longueur, 12½ millim.; largeur, 17 millim.

La carapace est moins élevée que chez la plupart des Pilumnes et offre des bosselures bien marquées; sa surface est granuleuse, surtout en arrière, et sur les bords latéro-antérieurs on remarque de chaque côté trois épines, dont les deux postérieures sont très-aiguës. Le front est bilobé et surmonté de deux lignes transversales et saillantes, qui ne sont séparées de son bord que par un sillon linéaire (fig. 2ᵇ); le bord supérieur des orbites est très-épais et se termine extérieurement par un gros tubercule, au-dessous duquel est une échancrure; au milieu du bord orbitaire inférieur on remarque une seconde échancrure, de façon que ce bord est divisé en deux portions tuberculiformes. Les régions ptérygostomiennes sont légèrement granuleuses. Les pattes de la première paire, fortement tuberculées, hérissées de poils courts, peu serrés et roides, ont leur quatrième article d'une belle couleur rose, avec les doigts qui le terminent d'un brun foncé, cannelés et finement tuberculés. Les pattes suivantes, hérissées de poils allongés, roides, sont armées de longues épines, qui, sur le quatrième article de celles des deuxième, troisième et quatrième paires, sont remarquables, en ce qu'elles présentent tout-à-fait la forme d'un croissant. Le quatrième article des pattes de la cinquième paire n'offre pas cette particularité singulière. L'abdomen, lisse, est hérissé sur les deux bords latéraux de longs poils soyeux.

Cette espèce, dont nous ne connaissons que la femelle (jeune), établit le passage entre les Pilumnes ordinaires et les Xanthes; elle a été rencontrée sur les côtes du Valparaiso.

Pl. IX, fig. 2. L'animal de grandeur naturelle. — Fig. 2ᵃ. Le même grossi. — Fig. 2ᵇ. Région frontale. — Fig. 2ᶜ. Patte-mâchoire externe. — Fig. 2ᵈ. Patte de la première paire.

Genre PILUMNOÏDE, *Pilumnoides*, Nob.

Pl. IX, fig. 2.

Testa suborbicularis; antennæ interiores in foveolis obliquis receptæ; antennæ exteriores in canthum oculorum insertæ; pedes maxillares externi articulo tertio lato, subquadrato; pedes primi paris crassi, breves.

L'espèce dont nous formons cette nouvelle division a été rapportée jusqu'ici au genre Hépate, mais elle n'en offre aucun des caractères essentiels et se rapproche extrêmement des Pilumnes.

La carapace est presque aussi longue que large et suborbiculaire; ses bords latéro-antérieurs, au lieu de se terminer brusquement au niveau du milieu de la région génitale, se prolongent, en décrivant sur la région branchiale une courbe régulière, jusqu'au niveau du milieu de la région cordiale. La surface est bosselée et garnie de tubercules; le front est étroit, bilobé, incliné et assez avancé; les bords latéro-antérieurs sont garnis d'une série de dents, dont les deux premières sont tuberculées sur le bord, et les trois suivantes simples et assez fortes. Les orbites sont presque circulaires et n'offrent que des vestiges de fissures sur leur bord supérieur, mais en présentent une très-marquée immédiatement au-dessous de leur angle externe, qui est subspiniforme. Les antennes internes se replient presque longitudinalement, et la fossette qui les reçoit est aussi longue que large (pl. IX, fig. 1ᵃ). La conformation des antennes externes et de l'appareil buccal est à peu près la même que chez les Pilumnes, si ce n'est que le bord antérieur du cadre buccal est plus droit; les régions ptérygostomiennes sont légèrement concaves dans le sens vertical. Les pattes de la première paire sont courtes, grosses, couvertes de tubercules et disposées de façon à s'appliquer assez exactement contre le bord antérieur de la carapace et les régions ptérygostomiennes. Enfin, les pattes suivantes sont petites, grêles, mais leur article terminal est trapu et terminé par un ongle très-fort.

On voit donc que les seuls caractères propres à distinguer du genre Pilumne ces prétendus Hépates, consistent dans la forme générale de la carapace et la disposition du cadre buccal.

PILUMNOÏDE PERLÉ, *Pilumnoides perlatus*, Nob.

Pl. IX, fig. 1.

Hepatus perlatus, Pœppig, *Arch.* de Wiegmann, 1836, p. 135, pl. IV, fig. 2.

P. testâ suprà ad lateraque tuberculatâ, posticè lævigatâ, margine laterali anterius multidentatâ; pedibus anticis tuberculatis.

Crustacés.

Pl. IX, fig. 1.

La carapace, garnie de tubercules granuleux dans ses deux tiers antérieurs, est presque lisse en arrière; les lobes frontaux sont obliques et granulés sur les bords; l'échancrure qui les sépare de l'angle orbitaire interne, est dirigée en dehors et appartient à l'orbite plutôt qu'au front. Le bord supérieur de l'orbite est granuleux; le bord inférieur est denticulé et terminé en dedans par une pointe assez forte; l'épistome est presque linéaire; les régions ptérygostomiennes sont couvertes d'un duvet très-fin. Les mains sont très-courtes et les tubercules qui les garnissent sont disposés par rangées transversales (fig. 1d); les pinces sont pointues et le doigt inférieur présente au côté externe de sa base une grosse crête ou tubercule allongé; les pattes suivantes sont garnies de duvet vers le bout.

Nous avons reçu de MM. d'Orbigny et Fontaines plusieurs individus de cette espèce, mais tous sont des femelles et nous n'en connaissons pas le mâle.

Des côtes du Pérou, près de Lima.

Pl. IX, fig. 1. L'animal de grandeur naturelle. — Fig. 1a. Région antennaire. — Fig. 1b. Patte-mâchoire externe. — Fig. 1c. Face externe de la main.

Genre PLATYONIQUE, *Platyonichus*, Latr.

PLATYONIQUE BIPUSTULÉ, *Platyonichus bipustulatus*, Edw.

Hist. nat. des Crust., tom. I, p. 437, pl. XVII, fig. 7 à 10.

Ce Platyonique est la seule espèce de Portunien dont l'existence ait été signalée sur les côtes occidentales de l'Amérique du sud, et il paraît y être rare, tandis que dans les mers de la Nouvelle-Hollande on le rencontre assez fréquemment.

Il a été trouvé, par M. Pissis, près de Valparaiso.

FAMILLE DES CATOMÉTOPES.

Genre POTAMIE, *Potamia*, Latr.

Boscia, Edw., Hist. nat. des Crust., t. II, p. 14.

POTAMIE CHILIENNE, *Potamia chilensis*, Nob.

Pl. X, fig. 1.

P. testâ anteriùs ad lateraque gibbosâ; fronte reflexâ, vix denticulatâ, inferiùs undulatâ; pedibus brevibus, robustis; abdomine lato, subtilissimè punctato.

Longueur, 46 millim.; largeur, 69 millim.

La carapace, bombée antérieurement et sur les côtés, est remarquable par sa partie post-frontale, qui est saillante et finement tuberculée; ses bords latéro-antérieurs sont fortement dentelés avec la dent qui forme l'angle orbitaire externe, très-grande, large et presque mousse. Les régions cordiales et branchiales sont saillantes et parfaitement distinctes entre elles par des sillons larges et profonds qui les circonscrivent. Le front, très-incliné, à peine denticulé, est remarquable par son bord inférieur, qui est sinueux, saillant et non denticulé. Les orbites sont moins ovalaires que dans la *P.* (*Boscia*) *dentata*, et par conséquent plus larges, avec les bords supérieur et inférieur, très-finement dentelés. Les antennes internes sont fortes, allongées et se logent d'une manière oblique dans la cavité antennaire, qui est très-grande et très-profonde. Le cinquième article des pattes de la première paire est entièrement lisse, et les dents qui arment les doigts sont très-prononcées. Les pattes suivantes, courtes, assez robustes, ont leur troisième article rugueux à leur bord supérieur, et ceux qui suivent, subépineux à leurs bords supérieur et inférieur. L'abdomen est très-large et très-finement denticulé.

Cette espèce a beaucoup d'analogie avec la *P.* (*Boscia*) *dentata*; mais elle s'en distingue facilement par la convexité de ses régions cordiale et branchiales, par le front incliné et à bord inférieur sinueux; par les orbites, qui sont moins ovalaires, et surtout par la cavité antennaire, qui est très-grande et très-profonde.

Habite les environs de Lima.

Pl. X, fig. 1. L'animal de grandeur naturelle.

Genre UCA, *Uca*, Leach.

UCA UNE, *Uca una*, Latr.

Enc. méth., t. X, p. 685, pl. 269, fig. 4; Guér., Icon. du Règne anim. de Cuvier, Crust., pl. 5, fig. 5; Edw., Hist. des Crust., t. II, p. 22.

Environs de Guayaquil : M. Eydoux, expédition de la Bonite.

Genre PINNOTHÈRE, *Pinnotheres*, Latr.

PINNOTHÈRE CHILIENNE, *Pinnotheres chilensis*, Edw.

Hist. nat. des Crust., tom. II, p. 33, n.° 4.

Pl. X, fig. 2.

Cette espèce a été trouvée sur les côtes de Valparaiso par M. d'Orbigny; M. Gay a aussi rapporté des mêmes parages cette belle espèce.

Pl. X, fig. 2. L'animal de grandeur naturelle. — Fig. 2ᵃ. Patte-mâchoire externe.

PINNOTHÈRE TRANSVERSALE, *Pinnotheres transversalis*, Nob.

Pl. X, fig. 3.

P. omninò violacea; testâ multo latiore quam longiore, subtilissimè punctatâ, ad latera rotundatâ, posticè lineâ prominente transversali instructâ; fronte minimâ, reflexâ; pedibus primi paris tomentosis, parvis, compressis, penultimo articulo exteriùs subtilissimè denticulato; pedibus sequentibus ciliatis, magnitudine multo variantibus; abdomine in mare cinerescente, ultimo articulo magno, semicirculari, flavescente in fœminâ.

Mâle : longueur, 7 millimètres; largeur, 11 millimètres. Femelle : longueur, 11 millimètres; largeur, 21 millimètres.

Crustacés.

Entièrement violacée; la carapace, beaucoup plus large que longue, finement pointillée, est saillante et arrondie sur les côtés latéro-antérieurs; les côtés latéro-postérieurs sont déprimés et le bord inférieur de cette dépression présente une échancrure dans laquelle vient s'insérer un petit tubercule épineux. Dans les deux sexes la partie postérieure de la carapace offre une saillie transversale très-prononcée et qui n'atteint pas ses bords latéro-postérieurs. Les régions ptérygostomiennes, finement pointillées, sont parcourues par un sillon qui part de l'épistome et qui se continue jusque sur les bords inférieurs des côtés latéro-antérieurs de la carapace. Le front est très-petit, incliné et tronqué. Le cadre buccal est très-large et les divers articles qui composent les pieds-mâchoires externes sont ornés de longs cils à leur côté interne; les pattes de la première paire dans les deux sexes sont très-petites et ne dépassent pas en longueur la largeur de la carapace : les divers articles qui les composent sont comprimés et revêtus à leurs bords supérieur et inférieur d'une tomentosité courte, mais peu serrée; leur avant-dernier article est finement denticulé et les doigts qui le terminent sont très-courts. Les pattes suivantes, ciliées, varient beaucoup pour la longueur : ainsi la quatrième paire acquiert un très-grand développement; la troisième est plus petite, tandis que les suivantes, c'est-à-dire la seconde et la cinquième paire sont les plus courtes. Le plastron sternal est entièrement lisse. L'abdomen du mâle, d'un cendré clair, est remarquable par le dernier segment, qui affecte une forme tout-à-fait semi-circulaire; dans la femelle cet organe est jaunâtre, et, quoique bombé et très-large, il ne dépasse pas le plastron sternal.

Cette espèce a été rencontrée sur les côtes du Chili par M. Fontaines.

Pl. X, fig. 3. L'animal de grandeur naturelle. — Fig. 3ᵃ. Région antennaire grossie. — Fig. 3ᵇ. Patte-mâchoire externe grossie. — Fig. 3ᶜ. Patte-mâchoire de la seconde paire. — Fig. 3ᵈ. — Patte-mâchoire de la première paire. — Fig. 3ᵉ. Plastron sternal et abdomen vus en dessous.

Genre PINNOTHÉRÉLIE, *Pinnotherelia*, Nob.

Pl. XI, fig. 1.

Testa latior quàm longior, plana, ad latera prominens anteriùsque lata; frons reflexa, lata; oculi subelongati, in orbitis ovatis positi; epistoma stomaque latiora quàm longiora; sternum angustum; pedes primi paris robusti, sequentes breves, tertio pari longiore; abdomen maris angustum, segmentis 6.

La carapace, plus large que longue, presque plane, à bords latéro-antérieurs arrondis et assez saillans, est remarquable par sa partie antérieure, qui est très-large. Le front incliné, large, coupé droit, se soude à l'épistome. Les yeux, de moyenne grandeur, suballongés, sont contenus dans des fossettes ovalaires; ces dernières présentent à leur bord interne une fissure profonde, dans laquelle viennent se placer les antennes externes. Les antennes internes, très-petites, sont logées dans des fossettes semi-transversales. L'épistome est beaucoup plus large que long. Le cadre buccal, également plus large que long, n'est pas complétement fermé par les pieds-mâchoires externes:

ces derniers, grands, placés droit, ont leur troisième article beaucoup plus long que large; le quatrième, petit, plus large que long, est arrondi antérieurement; ceux qui suivent, c'est-à-dire les cinquième et sixième, sont presque d'égale longueur. Le plastron sternal est étroit. Les pattes de la première paire robustes, avec les articles qui les composent renflés, et les doigts qui les terminent courts et non dentelés, dépassent en longueur la carapace. Les pattes suivantes, peu allongées, sont ainsi disposées : la troisième paire est très-longue, la seconde ensuite, puis la quatrième, et enfin, la cinquième est la plus courte; ces organes sont terminés par un tarse, qui égale en longueur l'article précédent. L'abdomen du mâle est étroit, composé de six segmens; nous ne connaissons pas celui de la femelle. Crustacés.

Ce genre, que nous avons désigné sous le nom de Pinnothérélie, à cause de sa grande analogie avec les Pinnothères, diffère de ces derniers par la carapace, qui est ordinairement plus large que longue et presque plane; par les orbites, qui sont ovalaires; par les pattes-mâchoires externes, qui ne sont pas placés obliquement, et par le dernier article, qui ne forme pas pince avec le précédent.

PINNOTHÉRÉLIE LISSE, *Pinnotherelia lævigata*, Nob.

Pl. XI, fig. 1.

P. omninò alba, lævigata; pedibus primi paris ultimis articulis flavescentibus, subsequentibus ultimis articulis pariter flavescentibus sed ciliatis.

Longueur, 9 millim.; largeur, 11½ millim.

La carapace, blanche, entièrement lisse, présente près de la partie postérieure deux petites dépressions longitudinales; les régions ptérygostomiennes, saillantes, finement granulées, sont parcourues dans le sens longitudinal par deux sillons, dont l'un part du bord externe de la cavité orbitaire, l'autre de l'épistome et atteignent tous deux les bords latéro-postérieurs de la carapace. Les pieds-mâchoires externes, lisses, ciliés, ont leur troisième article, qui présente près de leur bord interne une petite concavité longitudinale. Les pattes de la première paire, lisses, de même couleur que la carapace, ont l'extrémité de leurs derniers articles jaunâtre. Les pattes suivantes, également entièrement lisses, avec le dernier article légèrement jaunâtre, sont remarquables en ce que la partie inférieure du tarse et de l'article qui le précède est ciliée. Le plastron sternal et l'abdomen sont lisses et de même couleur que la carapace.

Cette espèce, dont nous ne connaissons que le mâle, a été trouvée sur les côtes du Chili par M. Fontaines.

Pl. VI, fig. 1. L'animal de grandeur naturelle. — Fig. 1ᵃ. Régions antennaire et buccale grossies. — Fig. 1ᵇ. Patte-mâchoire externe. — Fig. 1ᶜ. Patte-mâchoire de la seconde paire. — Fig. 1ᵉ. Tarse.

Crusta-cés.

Genre OCYPODE, *Ocypoda*, Fabr.

OCYPODE DE GAUDICHAUD, *Ocypoda Gaudichaudii*, Nob.

Pl. XI, fig. 4.

O. albido-flavescens; testâ tenuissimè granulatâ; pedibus primi paris granulatis, penultimo articulo lato, compresso, suprà infràque denticulato; pedibus sequentibus rugosis, uncino vix lanceolato terminatis.

Longueur, 35 millim.; largeur, 44 millim.

La carapace est de même forme que dans les *O. Fabricii* et *ceratophthalma*, mais elle est plus finement granulée. L'appendice terminal des yeux est court, terminé en pointe arrondie et non sétifère. Les orbites sont très-finement denticulées; leur bord supérieur est presque droit, avec l'angle qui le termine spiniforme et très-saillant; leur bord inférieur présente deux fissures, dont une située à l'extrémité de l'orbite, et dont l'autre, profonde, placée dans la partie médiane, semble se continuer jusque sur les régions ptérygostomiennes; ces dernières sont très-finement tuberculées. Les pieds-mâchoires externes sont très-convexes, lisses, avec leur bord interne seulement finement tuberculé. Les pattes de la première paire, granuleuses, ont leur avant-dernier article large, fortement comprimé, avec leurs bords supérieur et inférieur denticulés et la face externe finement tuberculée; les doigts qui terminent cet article sont très-comprimés, larges à leur extrémité et armés de fortes dents. Les pattes suivantes, très-rugueuses, ont leur dernier article ou le tarse à peine lancéolé. Le plastron sternal et l'abdomen sont couverts de fines granulations, à l'exception cependant des derniers segmens abdominaux, qui sont presque lisses.

Cette espèce, dont la couleur est un blanc jaunâtre, a beaucoup d'analogie avec les *O. Fabricii* et *ceratophthalma*, mais elle en diffère par l'angle orbitaire externe, qui est presque droit, large et spiniforme, et surtout par la forme des derniers articles de la première paire de pattes, qui sont larges et très-comprimés.

Trouvé sur les côtes du Chili par MM. Gaudichaud et Fontaines.

Pl. XI, fig. 4. L'animal de grandeur naturelle. — Fig. 4ª. Face externe de la main droite. — Fig. 4ᵇ. Face externe de la main gauche.

Genre GÉLASIME, *Gelasimus*, Latr.

GÉLASIME A DOIGTS GRÊLES, *Gelasimus stenodactylus*, Nob.

Pl. XI, fig. 2.

G. testâ fulvo-violaceâ, maximè gibberosâ; pedibus primi paris elongatis, quarto articulo intùs tenuissimè denticulato; pedibus sequentibus lævigatis, brevibus, tertio articulo parùm compresso.

Longueur, 13 millim.; largeur, 18 millim.

La carapace, d'un fauve violacé, est fortement bosselée, et on distingue parfaitement les régions branchiales, hépatiques, cordiale et génitale. L'angle externe du bord supérieur de la cavité orbitaire est peu saillant, incliné et légèrement spiniforme. Son bord inférieur est convexe et armé de tubercules assez largement espacés. Les régions ptérygostomiennes sont saillantes et hérissées de poils allongés et peu serrés. Les côtés de la carapace, c'est-à-dire la partie située sous les bords latéro-antérieurs, présentent une concavité très-prononcée. Les pattes de la première paire sont grêles, très-allongées, surtout la gauche; les divers articles qui la composent sont entièrement lisses, à l'exception cependant du quatrième, dont le bord interne est finement denticulé; le cinquième est court, très-comprimé, terminé par des doigts très-allongés, grêles, presque droits, et dont les bords internes sont denticulés. Les pattes suivantes sont entièrement lisses, avec leur troisième article peu comprimé.

Cette espèce, qui est voisine du *G. vocans*, ne pourra être confondue avec cette dernière par sa carapace, qui est bombée et dont les bords latéro-antérieurs sont arrondis; elle s'en distingue encore par les doigts de la première paire de pattes, qui sont grêles et très-allongés.

Trouvé sur les côtes du Valparaiso par M. d'Orbigny.

Pl. XI, fig. 2. L'animal de grandeur naturelle. — Fig. 2ª. Face externe de la main.

GÉLASIME A LONGS DOIGTS, *Gelasimus macrodactylus*, Nob.

Pl. XI, fig. 3.

G. viridis; testâ lævigatâ, maximè convexâ; pedibus primi paris maximis, quarto articulo intùs spinoso, digitis elongatis terminatis; pedibus sequentibus compressis.

Longueur, 15 millim.; largeur, 20 millim.

La carapace, d'un vert bouteille foncé, entièrement lisse, est très-bombée. Les pattes de la première paire sont très-grandes (tantôt c'est la droite, tantôt c'est la gauche qui atteint cette dimension), à quatrième article épineux au côté interne et terminées par des doigts très-allongés, grêles et fortement dentelés. Les pattes suivantes sont allongées, comprimées et ne présentent rien de remarquable.

Cette espèce est très-voisine du *G. vocans*, dont elle ne diffère que par la convexité de la carapace et la longueur des doigts de la première paire de pattes.

Côtes du Valparaiso.

Pl. XI, fig. 3. L'animal de grandeur naturelle. — Fig. 3ª. Face externe de la main.

GENRE GRAPSE, *Grapsus*, Lamk.

GRAPSE BIGARRÉ, *Grapsus variegatus*, Latr.

Hist. nat. des Crust. et des Ins., tom. VI, p. 71; Guér., Icon. du Règne anim., Crust., pl. 6, fig. 1.

Environs de Callao : M. Eydoux, expédition de la Bonite.

Crustacés.

GRAPSE PEINT, *Grapsus pictus*, Latr.

Hist. nat. des Crust. et des Ins., tom. VI, p. 69; Edw., Nouv. atlas du Règne anim. de Cuv., 3.e édit., Crust., pl. 22, fig. 1.

Rencontré aux environs de la côte de Callao par M. Eydoux, expédition de la Bonite.

GENRE NAUTILOGRAPSE, *NAUTILOGRAPSUS*, Edw.

NAUTILOGRAPSE MINIME, *Nautilograpsus minutus*, Fabr. (Cancer.)

Ent. syst., tom. V, p. 443; Latr., Hist. nat. des Crust. et des Ins., tom. VI, p. 68; *Grapsus testudinum*, Roux, Crust. de la Méditerr., pl. VI, fig. 1 à 6.

Cette espèce a été rencontrée aux environs de Valparaiso par M. Eydoux, expédition de la Bonite.

GENRE PLATYMÈRE, *PLATYMERA*, Edw.

PLATYMÈRE DE GAUDICHAUD, *Platymera Gaudichaudii*, Edw.

Pl. XIII, fig. 1.

Hist. nat. des Crust., t. II, p. 108.

Cette belle espèce, la seule encore connue et qui a servi de type à M. Milne Edwards pour établir cette nouvelle coupe générique, n'est pas très-rare sur les côtes du Chili et a été envoyée pour la première fois au Muséum par M. Gaudichaud; MM. Gay et Fontaines l'ont retrouvée depuis dans les mêmes parages.

Pl. XIII, fig. 1. L'animal de grandeur naturelle. — Fig. 1a. Régions antennaire et épistomienne. — Fig. 1b. Face externe de la main. — Fig. 1c. Patte-mâchoire externe. — Fig. 1d. Patte-mâchoire de la première paire.

GENRE HÉPATE, *HEPATUS*, Latr.

HÉPATE CHILIENNE, *Hepatus chilensis*, Edw.

Pl. XIV, fig. 1.

Hist. nat. des Crust., tom. II, p. 117, n.o 2.

Cette espèce est assez commune sur les côtes du Chili, où MM. Gay, Fontaines et d'Orbigny l'ont rencontrée.

Pl. XIV, fig. 1. L'animal de grandeur naturelle. — Fig. 1a. Région antennaire grossie. — Fig. 1b. Face externe de la main. — Fig. 1c. Patte-mâchoire externe vue du côté interne. — Fig. 1d. Antenne externe grossie.

GENRE ATÉLÉCYCLE, *ATELECYLUS*, Leach.

ATÉLÉCYCLE CHILIEN, *Atelecyclus chilensis*, Edw.

Hist. nat. des Crust., tom. II, p. 143.

Rencontré aux environs de la côte de Valparaiso par M. d'Orbigny.

Genre ACANTHOCYCLE, *Acanthocyclus*, Nob.

Pl. XV, fig. 1.

Testa orbicularis, convexa, ad latera spinosa; frons inflexa, trianguliformis; orbitæ parvæ, integræ; antennæ externæ nullæ; epistoma parvum; os latior quàm longior; pedes primi paris robusti, sequentes breves, unguiculo lunato terminati; sternum ovatum, latum; abdomen in mare segmentis 5, in fœminâ segmentis 7.

La carapace tomenteuse, de forme orbiculaire, un peu plus longue que large, est bombée, sans bosselures bien sensibles et armée d'épines sur les côtes latéro-antérieurs; des sillons assez bien marqués font distinguer en dessus les diverses positions que doivent occuper les régions. Le front est trianguliforme, étroit, peu avancé, arrondi à son extrémité et très-incliné. Les orbites, petites, entières, arrondies, ont leur angle externe armé d'un fort tubercule épineux; leur angle interne est formé par l'article basilaire des antennes externes; ce dernier ne supporte pas de tigelle multi-articulée. Les yeux, gros, peu allongés, ne remplissent pas complétement la cavité orbitaire; les antennes internes sont courtes, formées d'articles épais, et la position qu'elles occupent dans la cavité orbitaire est légèrement oblique. L'épistome est petit et placé dans une concavité profonde. Les régions ptérygostomiennes, couvertes par une tomentosité courte et serrée, sont saillantes et traversées transversalement par une gouttière profonde, légèrement arquée et qui atteint presque le milieu des côtés latéro-antérieurs de la carapace. Le cadre buccal, plus large que long, est complétement formé par les pattes-mâchoires, qui sont très-tomenteuses, et qui ne présentent rien de remarquable; les pattes sont tomenteuses et très-poilues; celles de la première paire sont fortes, épaisses (la droite surtout), assez allongées, terminées par des doigts robustes, dentelées dans toute leur longueur. Les pattes suivantes, courtes, assez fortes, diminuant de longueur progressivement, sont remarquables en ce que le dernier article qui les termine est très-court et armé d'un angle robuste, affectant la forme d'un croissant. Le plastron sternal est large, ovalaire. L'abdomen du mâle est très-étroit, composé de cinq segmens, dont le troisième atteint une grande dimension; dans la femelle l'abdomen est beaucoup plus large et composé de sept segmens.

C'est à la famille des Catométopes qu'appartient cette nouvelle coupe générique, qui diffère de tous les types connus jusqu'ici par l'article basilaire des antennes externes, qui ne porte pas de tigelle multi-articulée.

Crustacés.

ACANTHOCYCLE DE GAY, *Acanthocyclus Gayi*, Nob.

Pl. XV, fig. 1.

A. omninò fulvo-flavescens; testâ tomentosâ, ad latera septem dentatâ, fasciculis pilorum hirsutis; pedibus tomentosis, suprà pilosis; abdomine subtomentoso, in fœminâ pilis sericeis ad latera induto.

Longueur, 21 millim.; largeur, 19 ½ millim.

Entièrement d'un fauve jaunâtre; la carapace, lisse, est recouverte d'une tomentosité longue, peu serrée, parmi laquelle sont des bouquets de poils placés çà et là; les bords latéro-antérieurs sont armés de chaque côté de sept dents courtes et dont la première, un peu plus grande que les autres, constitue l'angle orbitaire externe. Les régions ptérygostomiennes et les pattes-mâchoires externes sont tomenteuses, et ces derniers organes sont traversés longitudinalement par deux rangées de poils peu allongés. Les pattes de la première paire, légèrement chagrinées, tomenteuses, ont les bords de leurs troisième, quatrième et cinquième articles revêtus seulement en dessus de longs poils soyeux; les doigts qui terminent le dernier article sont d'une belle couleur blanche, finement denticulés; celui qui est mobile est tomenteux seulement à sa naissance, et près de son articulation il présente deux petits bouquets de poils peu allongés. Les pattes suivantes, tomenteuses, ont le bord supérieur des premier, second et troisième articles revêtus de longs poils soyeux, serrés; dans les quatrième et cinquième articles ces poils forment deux rangées bien distinctes; le dernier article ou le tarse est lisse, tomenteux à sa naissance et présente en dessous deux petits bouquets de poils allongés. Le plastron sternal, antérieurement très-poilu, revêtu d'une tomentosité très-courte, offre, dans le mâle seulement, deux petits bouquets de poils situés un peu au-dessus du sillon, dans lequel vient s'insérer l'abdomen; ce dernier est légèrement tomenteux, et dans la femelle cet organe est hérissé, sur ses côtés latéraux, de longs poils soyeux.

Cette espèce remarquable a été prise, sur les côtes de Valparaiso, par MM. Gay, d'Orbigny et Fontaines.

Pl. XV, fig. 1. L'animal de grandeur naturelle. — Fig. 1ᵃ. Régions antennaire et épistomienne. — Fig. 1ᵇ. Face externe de la main. — Fig. 1ᶜ. Patte-mâchoire externe. — Fig. 1ᵈ. Abdomen du mâle. — Fig. 1ᵉ. Abdomen de la femelle. — Fig. 1ᶠ. Tarse.

Genre PSEUDOCORYSTE, *Pseudocorystes*, Edw.

PSEUDOCORYSTE ARMÉ, *Pseudocorystes armatus*, Edw.

Hist. nat. des Crust., tom. II, p. 151.

Pl. XV, fig. 2.

Cette espèce a été rapportée du Chili (côte de Valparaiso) par MM. d'Orbigny et Fontaines.

Pl. XV, fig. 2. L'animal de grandeur naturelle. — Fig. 2ᵃ. Face externe de la main. — Fig. 2ᵇ. Patte-mâchoire externe. — Fig. 2ᶜ. Antenne externe grossie.

Crusta-
cés.

Genre CORYSTOÏDE, *Corystoides*, Nob.

Pl. XVI, fig. 1.

Testa longior quàm latior, convexa, ad latera spinosa posteriùsque rotundata; frons trispinosa; pedunculi oculares elongati, graciles, ad basim crassi, in orbitis parvis positi; antennæ externæ elongatæ, duabus setis multi-articulatis instructæ; antennæ internæ nullæ; os longior quàm latior, anteriùs angustum; pedes-maxillares externi elongati, obliquè positi; pedes elongati; abdomen elongatum, segmentis 6.

La carapace, plus longue que large, affecte la forme d'un ovale peu prononcé et dont la partie antérieure serait légèrement tronquée; en dessus elle est fortement bombée, avec ses côtés latéro-antérieurs épineux et sa partie postérieure arrondie. Le front, peu avancé, large, est formé par trois épines. Les pédoncules oculaires, dépassant à peine le front, allongés, grêles, logés dans des orbites petites, arrondies, sont remarquables en ce qu'ils sont très-renflés à leur base et remplissent presque la cavité orbitaire. Il n'y a pas d'antennes internes ni de cavités pouvant faire supposer l'existence de ces organes. Les antennes externes sont allongées; leur premier article, placé dans une cavité profonde, semble occuper la place des antennes internes et ne dépasse pas le front; le second article est plus allongé; le troisième est un peu plus court et donne naissance à deux tigelles multi-articulées, dont l'inférieure très-courte, filiforme, et la supérieure un peu plus allongée, beaucoup plus épaisse. Le cadre buccal, aussi long que large, se rétrécit vers sa partie antérieure et présente de chaque côté deux tubercules spiniformes, dont l'inférieur est très-prononcé. Les pieds-mâchoires externes sont longs, placés un peu obliquement et ne s'avancent pas jusqu'à l'origine des antennes externes, du moins jusqu'à la concavité qui renferme ces organes; leur deuxième article est beaucoup plus allongé que le troisième, qui se termine par un tubercule étroit, légèrement spiniforme, lequel dépasse le quatrième article, qui vient s'insérer dans une légère échancrure de son bord interne. Le plastron sternal a la forme d'un ovale allongé. Les pattes de la première paire sont une fois et demie plus longues que la carapace; leur cinquième article est renflé et les doigts qui le terminent sont allongés et peu robustes. Les pattes suivantes, allongées, diminuant de longueur progressivement, ont leur article terminal très-allongé et spiniforme. L'abdomen est allongé et composé de cinq segmens; nous ne connaissons pas celui de la femelle.

C'est avec doute que nous plaçons cette coupe générique près de celle des

Crustacés.

Corystes, avec lesquels elle a un peu d'analogie, mais dont elle diffère par la tigelle des antennes externes, qui est double, et par les antennes internes, qui manquent complétement.

CORYSTOÏDE CHILIEN, *Corystoides chilensis*, Nob.

Pl. XVI, fig. 1.

C. albido-flavescens; testâ anteriùs ad lateraque granulatâ ac ferè posteriùs lœvigatâ; antennis externis ciliatis; pedibus primi paris articulis lœvigatis, subsequentibus granulatis; pedibus sequentibus lœvigatis, ciliatis; sterno abdomineque subtilissimè punctatis.

Longueur, 27 mill.; largeur, 22 mill.

D'un blanc jaunâtre; la carapace, finement granulée, presque lisse postérieurement, présente quelques dépressions dans la partie médiane; les bords latéro-antérieurs sont armés de chaque côté de six dents, dont les première, troisième et quatrième sont les plus prononcées; ces dents, ainsi que celles qui forment le front, sont finement granulées sur leur bord supérieur. Les antennes externes sont très-ciliées. Les régions ptérygostomiennes sont très-saillantes et granulées. Les pieds-mâchoires externes sont finement ponctués et ont leur deuxième article sillonné longitudinalement. Les pattes de la première paire ont leur premier, deuxième et troisième articles entièrement lisses, et ceux qui suivent finement granulés; les doigts sont allongés, courbés et fortement denticulés à leur côté interne. Les pattes suivantes sont lisses et ciliées. Le plastron sternal est finement ponctué et cilié sur les côtés. L'abdomen est à peine ponctué.

Rencontré sur les côtes du Valparaiso par M. Fontaines.

Pl. XVI, fig. 1. L'animal de grandeur naturelle. — Fig. 1ª. Régions antennaire et épistomienne. — Fig 1ᵇ. Face externe de la main. — Fig. 1ᶜ. Patte-mâchoire externe. — Fig. 1ᵈ. Antenne externe très-grossie. — Fig. 1ᵉ. Abdomen du mâle.

SECTION DES DÉCAPODES ANOMOURES.

FAMILLE DES APTÉRURES.

GENRE LITHODE, *LITHODES*, Latr.

LITHODE ANTARCTIQUE, *Lithodes antarctica*, Humb. et Jacq.

Expéd. de l'Astrolabe et de la Zélée, Crust., pl. 7.

Trouvé sur le côtes du Chili par M. Gay.

FAMILLE DES PTÉRYGURES.

GENRE HIPPE, *HIPPA*, Fabr.

HIPPE ÉMÉRITE, *Hippa emerita*, Fabr.

Suppl. Ent. syst., p. 370; Edw., Hist. nat. des Crust., tom. II, p. 209; *ejusd.*, Nouv. atlas du Règne animal de Cuv., 3.ᵉ édit., Crust., pl. 42, fig. 2.

Cette espèce est très-commune sur la côte de Valparaiso.

TRIBU DES PORCELLANIENS.

Genre PORCELLANE, *Porcellana*, Lamk.

PORCELLANE FRONT TUBERCULÉ, *Porcellana tuberculifrons*, Nob.

P. affinis, Guér., Bull. de la Soc. des sc. nat. de France, séance du 23 Déc. 1835, p. 116; *ejusd.*, Mag. de zool., ann. 1838, p. 6; *P. lobifrons*, Edw., Hist. nat. des Crust., tom. 2, p. 256, n.° 17.

Côtes du Valparaiso. Cette espèce paraît être assez rare.

PORCELLANE ACANTHOPHORE, *Porcellana acanthophora*, Nob.

Pl. XVI, fig. 2.

P. rubro-flavescens; testâ latâ, ad latera squamosâ anteriùsque spinosâ; fronte productâ, maximè inflexâ, anticè rotundatâ; pedibus primi paris maximis, compressissimis, spinosis, subsequentibus pilosis.

Longueur, 33 millim.; largeur, 35 millim.

La carapace, large, d'un rouge foncé, tachée de jaune, est presque lisse dans sa partie médiane, avec ses côtés latéraux fortement écailleux, et armés, à leur partie antérieure, d'une épine très-prononcée. Le front, avancé, très-incliné, terminé en pointe arrondie à son extrémité, est relevé sur les côtés latéraux, lesquels sont finement tuberculés; le bord supérieur des orbites, légèrement denticulé, est armé de deux épines, dont l'antérieure, très-prononcée, et la postérieure ou celle qui forme l'angle orbitaire externe, très-petite. L'article basilaire des antennes externes est armé à son côté interne d'une épine très-prononcée. Les pattes sont de même couleur que la carapace : celles de la première paire très-grandes, très-comprimées, ont leur troisième article armé à son bord interne d'un tubercule épineux et leur bord supérieur présente une rangée de trois petites épines; le quatrième article, sur les bords interne et externe, est armé de fortes épines; le cinquième article est très-comprimé, large, et présente les faces externe et interne très-tuberculées, avec son bord externe finement denticulé; les doigts larges, très-comprimées, ont leur bord interne revêtu d'une tomentosité courte, très-serrée, d'un fauve foncé; les pattes suivantes sont grandes, très-comprimées, revêtues de bouquets de poils allongés, peu serrés; leur troisième article présente à son extrémité deux épines très-prononcées. Les pattes-mâchoires externes, le plastron sternal et l'abdomen, sont de même couleur que la carapace et ne présentent rien de remarquable.

C'est près de la *P. tuberculata* que doit venir se placer cette espèce, qui en diffère par la forme de son front, par les rides qui sillonnent sa carapace, et surtout par les épines dont le quatrième article de la première paire de pattes est armé.

Trouvée aux environs de Valparaiso par M. d'Orbigny.

Pl. XVI, fig. 2. L'animal de grandeur naturelle.

Crustacés.

PORCELLANE VIOLACÉE, *Porcellana violacea*, Guér.

Bull. de la Soc. des sc. nat. de France, séance du 23 Déc. 1835, p. 115; *ejusd.*, Mag. de zool., ann. 1838, p. 5, n.° 1, pl. 25, fig. 2; *P. macrocheles*, Pœpp., *Crust. Chil. in Arch.*, de Wigm., 1836, p. 142, pl. 4, fig. 1.

Cette espèce est très-commune sur les côtes du Chili.

PORCELLANE LISSE, *Porcellana lævigata*, Guér.

Bull. de la Soc. des sc. nat. de France, séance du 23 Déc. 1835, p. 115; *ejusd.*, Mag. de zool., ann. 1838, p. 5, n.° 2.

Habite la côte du Valparaiso.

PORCELLANE ANGULEUSE, *Porcellana angulosa*, Guér.

Bull. de la Soc. des sc. nat. de France, séance du 23 Déc. 1835, p. 115; *ejusd.*, Mag. de zool., ann. 1838, p. 6, pl. 25, fig. 3.

Côtes du Valparaiso.

PORCELLANE GRANULEUSE, *Porcellana granulosa*, Guér.

Bull. de la Soc. des sc. nat. de France, séance du 23 Déc. 1835, p. 115; *ejusd.*, Mag. de zool., ann. 1838, p. 6, n.° 3, pl. 25, fig. 1; *P. striata*, Edw., Hist. nat. des Crust., t. 2, p. 250, n.° 2.

Côtes du Valparaiso.

PORCELLANE TUBERCULEUSE, *Porcellana tuberculata*, Guér.

Bull. de la Soc. des sc. nat. de France, séance du 23 Déc. 1835, p. 115; *ejusd.*, Mag. de zool., ann. 1838, p. 6, n.° 7, pl. 26, fig. 2; *P. lobifrons*, Edw., Hist. nat. des Crust., tom. 2, p. 256.

Côtes du Valparaiso.

PORCELLANE FRONT ÉPINEUX, *Porcellana spinifrons*, Edw.

Hist. nat. des Crust., tom. 2, p. 256, n.° 16.

Côtes du Valparaiso.

PORCELLANE A MAINS ÉPAISSES, *Porcellana grossimana*, Guér.

Bull. de la Soc. des sc. nat. de France, séance du 23 Déc. 1835, p. 116; *ejusd.*, Mag. de zool., ann. 1838, p. 6, n.° 9, pl. 26, fig. 3.

Côtes du Valparaiso.

Genre ÆGLÉE, *Æglea*, Leach.

ÆGLÉE LISSE, *Æglea lævigata*, Latr.

Enc. méth., pl. 308, fig. 2; Edw., Hist. nat. des Crust., tom. 2, p. 260; *ejusd.*, Atlas du Règne anim. de Cuv., Crust., pl. 47, fig. 3.

Cette espèce paraît être assez commune sur les côtes du Chili.

Crustacés.

SECTION DES DÉCAPODES MACROURES.

FAMILLE DES MACROURES CUIRASSÉS.

TRIBU DES GALATHÉIDES.

GENRE GALATHÉE, *GALATHEA*, Leach.

GALATHÉE MONODONTE, *Galathea monodon*, Edw.

Hist. nat. des Crust., tom. 2, p. 276, n.° 3.

Cette belle espèce a été trouvée sur les côtes du Chili par M. Gay.

FAMILLE DES ASTACIENS.

GENRE ÉCREVISSE, *ASTACUS*, Fabr.

ÉCREVISSE CHILIENNE, *Astacus chilensis*, Edw.

Hist. nat. des Crust., tom. 2, p. 333, n.° 5.

Cette espèce a été trouvée au Chili par MM. Gay et Pissis.

TRIBU DES PALÉMONIENS.

GENRE RHYNCHOCYNÈTE, *RHYNCHOCYNETES*, Edw.

Cette nouvelle coupe générique, créée par M. Milne Edwards, a pour type un crustacé fort remarquable, et qui diffère de tous les genres connus en ce que le rostre, au lieu d'être continu avec la carapace, comme cela a lieu dans tous les Macroures, est au contraire articulé sur le bord frontal de ce bouclier dorsal, et reste mobile, comme cela se voit pour la plaque frontale des Squilles. Ce crustacé, qui semble être propre aux côtes du Chili, appartient à la famille des Salicoques et doit être placé entre les *Hippolytus* et les *Pandalus*, dans la tribu des Palémoniens. Voici les caractères assignés à ce genre remarquable par M. Milne Edwards : « Il a le corps médiocrement comprimé et la carapace armée en dessus d'une épine vers le milieu de la région stomacale; le front présente trois épines, dont une médiane, située au-dessus de la base du rostre, et deux latérales au-dessus de l'insertion des yeux; au-dessous de ces organes on voit aussi de chaque côté, sur le bord antérieur de la carapace, une petite épine. Le rostre est très-grand, en forme de lame de sabre placée de champ, et articulé par gynglyme avec le front, de manière à pouvoir s'abaisser entre les antennes et s'incliner en bas ou se relever au point de devenir presque verticale; sa longueur excède un peu celle de la carapace, et il est dentelé sur ses deux bords; en dessus on voit deux épines éloignées entre elles, qui occupent le tiers postérieur de son bord supérieur, et sept ou huit dentelures fines et très-serrées, rassemblées sur le tiers antérieur de ce même bord; son bord inférieur présente une vingtaine de dents, qui augmentent de longueur vers la base de cet organe et qui présentent vers sa partie postérieure des dimensions considérables. Les yeux sont saillans, et lorsqu'ils se reploient en avant, ils se logent dans une excavation du pédoncule des antennes supérieures, dont l'article basilaire est grand et armé en dehors d'une lame spiniforme. Les filets terminaux de ces appendices sont au nombre de deux et offrent la même conformation que chez les *Hippolytus*. L'appendice lamelleux des antennes externes est grand et triangulaire. Les pattes-mâchoires externes sont pédiformes et allongées; leur dernier article est grêle, cylindrique et épineux au bout. Les pattes sont semblables à celles des *Hippolytus*, si ce n'est qu'on trouve au côté externe de la base de chacune d'elles un petit appendice palpiforme rudimentaire, et que le tarse de celles de la seconde paire n'est pas multi-articulé; celles de la première sont plus grosses que les autres et dépassent un peu le pédoncule des antennes externes; leurs pinces sont courtes et creusées en cuiller, et leur doigt est mobile et dentelé. Les pattes de la deuxième paire sont de la longueur de celles de la première, mais très-grêles et beaucoup plus courtes que celles de la troisième paire. Le tarse de celles-ci et des pattes suivantes est court et dentelé, comme chez les *Hippolytus*. L'abdomen ne présente rien de remarquable; sa conformation est la même que chez les *Hippolytus*; il est seulement à noter qu'on voit trois paires de petites épines sur la face supérieure de la lame médiane de la nageoire caudale. Enfin, les branchies sont au nombre de neuf de chaque côté du thorax. »

La seule espèce connue est le

RHYNCHOCINÈTE TYPE, *Rhynchocinetes typus*, Edw.

Pl. XVII, fig. 1.

Ann. des sc. nat., 2.e série, tom. 7, p. 165, pl. 4 c, fig. 1 à 8; *ejusd.*, Hist. nat. des Crust., tom. II, p. 382 et 383.

Longueur, 11 millim.; largeur, 18 millim.

L'individu que nous représentons a été copié sur une figure de M. d'Orbigny, qui a été faite d'après le vivant.

Cette espèce n'est pas très-rare sur la côte de Valparaiso, où MM. Gay, Fontaines et d'Orbigny l'ont rencontrée.

Pl. XVII, fig. 1. L'animal de grandeur naturelle vu de profil. — Fig. 1ª. Le rostre grossi vu de profil. — Fig. 1ᵇ. Base de l'une des antennes de la première paire. — Fig. 1ᶜ. Base de l'une des antennes de la seconde paire. — Fig. 1ᵈ. Mandibule. — Fig. 1ᵉ. Mâchoire de la première paire. — Fig. 1ᶠ. Mâchoire de la seconde paire. — Fig. 1ᵍ. Patte-mâchoire antérieure. — Fig. 1ʰ. Patte-mâchoire de la seconde paire. Crustacés.

PALÉMON DE GAUDICHAUD, *Palæmon Gaudichaudii*, Edw.

Hist. nat. des Crust., tom. II, p. 400, n.° 17.

Pl. XVII, fig. 2.

Cette espèce a été trouvée sur les côtes du Chili par M. Gaudichaud.

Pl. XVII, fig. 2. L'animal de grandeur naturelle. — Fig. 2ª. Rostre grossi vu de profil. — Fig. 2ᵇ. Première paire de pattes. — Fig. 2ᶜ. Extrémité de l'abdomen vue de face.

ADDENDA.

Page 32, à la suite de : Famille des Aptérures, ajoutez *Tribu des Homoliens.*

Page 32, à la suite de : Famille des Ptérygures, ajoutez *Tribu des Hippiens.*

TABLE ALPHABÉTIQUE

DES CRUSTACÉS DE L'AMÉRIQUE MÉRIDIONALE

DÉCRITS, FIGURÉS OU CITÉS.

www.ingramcontent.com/pod-product-compliance
Ingram Content Group UK Ltd.
Pitfield, Milton Keynes, MK11 3LW, UK
UKHW022153190726
13855UKWH00004B/1462